杭州市本级学校
校舍安全工程图册

杭 州 市 教 育 局
杭州市教育资产营运管理中心　编著

浙江工商大学出版社
ZHEJIANG GONGSHANG UNIVERSITY PRESS

图书在版编目（CIP）数据

杭州市本级学校校舍安全工程图册 / 杭州市教育局，杭州市教育资产营运管理中心编著 . — 杭州 ：浙江工商大学出版社，2013.11

ISBN 978-7-5178-0030-9

Ⅰ．①杭… Ⅱ．①杭… ②杭… Ⅲ．①高等学校－教育建筑－抗震加固－安全工程－杭州－图集 Ⅳ. ① TU244-64

中国版本图书馆 CIP 数据核字（2013）第 241762 号

杭州市本级学校校舍安全工程图册

杭 州 市 教 育 局
杭州市教育资产营运管理中心 编著

责任编辑	刘　韵
责任校对	何小玲
封面设计	王妤驰
责任印制	汪　俊
出版发行	浙江工商大学出版社
	（杭州市教工路 198 号　邮政编码 310012）
	（E-mail：zjgsupress@163.com）
	电话：0571-88904980，88831806（传真）
印　　刷	杭州富春电子印务有限公司
开　　本	787mm×1092mm　1/16
印　　张	8.5
字　　数	148 千
版 印 次	2013 年 11 月第 1 版　2013 年 11 月第 1 次印刷
书　　号	ISBN 978-7-5178-0030-9
定　　价	68.00 元

前　言

　　实施中小学校舍安全工程是党中央、国务院做出的一项重大决策,目标是:在全国中小学校开展抗震加固、提高综合防灾能力建设,使学校校舍达到重点设防类抗震设防标准,并符合对山体滑坡、崩塌、泥石流、地面塌陷和洪水、台风、火灾、雷击等灾害的防灾避险安全要求。实施校舍安全工程,全面改善学校校舍安全状况,直接关系到广大师生的生命安全,关系到社会的和谐稳定,关系到党和政府的形象。实施这项工程,是体现党和政府以人为本、执政为民理念的重大举措,是坚持教育优先发展、办人民满意教育的战略部署;是贯彻落实《防震减灾法》、依法履行政府责任的具体行动;也是当前应对国际金融危机、拉动国内需求的有效措施。

　　根据杭州市委、市政府的统一部署,杭州市本级学校校舍安全工程自 2009 年启动以来,在省、市校安办的精心指导和市教育局等部门的高度重视下,各校认真落实学校校舍安全工程的有关政策和会议精神,克服了时间紧、任务重、实施难度大、技术力量不足等困难,强化领导,精心部署,规范管理,扎实推进,按时间节点要求认真落实排查鉴定、制订方案、实施等各阶段工作,真正把校舍安全工程建成"阳光工程""放心工程"。

　　据统计,杭州市本级校舍安全工程涉及学校 30 所,项目 113 个〔含迁(扩)建类项目 21 个,加固改造类项目 46 个,灾害治理类项目 6 个,消防、防雷类项目 40 个〕,校舍总建筑面积约 280708 平方米,总投资约 64895 万元。本图册收录了其中加固改造类校舍安全工程(涉及 14 所市本级学校,总建筑面积约 82544 平方米,总投资约 6365.2 万元)的图片,是对校舍安全加固过程及业绩的记录,也是设计原理与施工工艺的总结。我们将以此为新的起点,进一步高度重视校舍安全问题,不断提升建设技术水平,建立监督长效机制,切实把学校校舍建设成为让广大师生和家长放心的工程。

　　在图册编写过程中,得到了各市本级有关学校和许多热心人士的大力支持,在此向所有做出贡献的同志致以诚挚的谢意。由于时

间、资料和编者水平所限,图册中难免存在疏漏和欠缺,恳请读者提

出批评和宝贵意见。

二〇一三年七月

目　录

Contents

Chapter 1
Overall Plan
第一章 总体概况

第一章 总体概况

2009 年"两会"上,温总理在政府工作报告中谈及优先发展教育事业时说,要实施全国中小学校舍安全工程,把学校建成最安全、最令家长放心的地方。同年 4 月,国务院常务会议做出了实施全国中小学校舍安全工程的决定,国务院办公厅印发了《全国中小学校舍安全工程实施方案》。5 月 8 日,国务院召开电视电话会议做出了全面部署。6 月 15 日,浙江省政府决定成立省中小学校舍安全工程领导小组,同日由办公厅印发了实施方案。6 月 23 日,省政府常务会议就全省中小学校舍安全工程专题进行了研究,吕祖善省长对抓好校舍安全工程提出了明确要求。7 月 10 日,杭州市成立以陈小平副市长为组长的中小学校舍安全工程领导小组(下设办公室,由 19 个部门组成),杭州市中小学校舍安全工程正式启动。

根据杭州市校安办的统一部署,杭州市本级学校校舍安全工程自 2009 年启动以来,在省、市校安办的精心指导和市教育局等部门的高度重视下,各校认真落实中小学校舍安全工程的有关政策和会议精神,克服了时间紧、任务重、实施难度大、技术力量不足等困难,规范管理,扎实推进,高质量、高标准地完成了这项民生工程,真正把校舍安全工程建成了"阳光工程""放心工程"。

一、全面细致做好排查鉴定

杭州市教育局等部门严格按照国家发布的校舍安全技术规范,采取市本级校舍安全工程统一打包或学校直接委托相关部门和专业机构的办法,对市本级学校校舍进行了全面排查,项目包括地质灾害、洪涝灾害、建筑安全、消防、防雷等方面。在全面排查的基础上,完成了地质灾害和洪涝灾害评估、建筑安全鉴定工作,由专业部门和具备相应资质的机构逐校、逐幢形成评估鉴定报告,建立每幢校舍综合安全档案,确保排查鉴定结果真实可靠。排查鉴定坚持全覆盖,不留死角,不仅包括教室、宿舍、食堂等建筑物,还包括围墙、校门、厕所、锅炉房及临时建筑等容易出安全问题的附属设施。

据统计,杭州市本级共有学校 33 所,分别为市教育局管理的学校 23 所,市劳动保障局管理的技工类学校 8 所,市体育局管理的学校 1 所(杭州市陈经纶体育学校),市文广新闻出版局管理的学校 1 所(杭州市艺术学校),单体建筑物总数 373

幢,校舍建筑总面积约 1050000 平方米。经排查,杭州市本级所属学校鉴定为安全的单体建筑物面积约 910000 平方米,占市本级学校校舍建筑面积总数的 86.7%。

二、科学合理制定工程规划

在排查鉴定的基础上,按照"科学规划、分步实施、统筹安排、突出重点、项目整合、综合治理"的原则,结合全市中小学校布局调整规划,2010 年 1 月,市校安办汇总编制了《杭州市中小学校舍安全工程规划(2009—2011 年)》,并提出了总体规划和分年度实施计划。对通过维修加固可以达到抗震设防标准的校舍,按照重点设防类抗震设防标准改造加固;对经鉴定不符合要求、不具备维修加固条件的校舍,按重点设防类抗震设防标准和建设工程强制性标准重建;对地质灾害易发地区的校舍进行地质灾害危险性评估,并根据评估分析论证结果确定治理或避险搬迁;完善校舍防火、防雷等综合防灾标准,并严格执行。

2012 年 9 月,根据浙江省校安办统一要求和安排,杭州市校安办对原规划的部分项目进行了调整,重新修订编制了《杭州市中小学校舍安全工程规划(2009—2012 年)》。其中,杭州市本级涉及学校 30 所,项目 113 个,校舍总建筑面积约 280708 平方米,总投资约 64895 万元,分别为:迁(扩)建类项目 21 个,总建筑面积约 198164 平方米,总投资约 57920 万元;加固改造类项目 46 个,总建筑面积约 82544 平方米,总投资约 6365.2 万元;灾害治理类项目 6 个,总投资约 152 万元;消防、防雷类项目 40 个,总投资约 457.8 万元。

三、按时高效完成所有项目

因杭州市本级学校及其校舍的特殊性,市本级学校校安工程困难重重。主要表现为:第一,部分学校建筑年代较久,抗震性能很差,且地处老城区,原地重建又不能满足现行规划的要求,故只能进行加固;第二,部分校舍属于历史保护建筑,在改造加固时需尽量保留原貌;第三,施工时间为学校暑假期间,一般为两个月左右,时间非常紧张。面对如此巨大的困难,市教育局等部门在市校安办的正确指导下,积极迎难而上,通过采取各项切实有效的措施,扎实推进校安工程项目的顺利实施。一是实事求是,优化方案。针对学校建筑的特点,本着因地制宜、实事求是、注重可操作性的原则,市教育局等部门对相关规范进行了筛选及优化,不断优化加固方案。方案在最大限度满足抗震安全的前提下,通过采取关键部位贴角钢与原砌体共同组成构造柱,适当位置加扁钢形成圈梁,楼板端部设宽翼角钢以加大楼板搁置长度,老建筑坡层顶沿口增设钢砼组合楼板构成墙顶支撑,重要部位增设基础,以及构造柱钢构件采用 φ22 ～ φ25 钢筋穿越楼板(尽可能减少对原结构的损坏)等方法,做到尽量满足规范及使用要求,并保持校园建筑原貌。二是统筹协调,狠抓进度。市教育局等部门始终牢牢锁定目标,细化任务,实行"正排工序、倒排工期",提前做好各项准备工作。积极协调市发改委、市规划局与市建委等有关职能部门,通过已建立的绿色通道,简化审批环节,缩短审批时限,提高办事效率。同时成立加固改造项目协调组、指导组、检查组,协调解决工程中遇到的问题和困难,并深入施工现场,指导、检查工程质量、进度、安全等情况。三是严控程序,落实责任。市教育局等部门要求所有校安工程项目均严格执行有关法律法规,严格按照工程建设程序办事,全部项目按规定要求以招投标方式进行。对勘察单位、设计单位、施工单位、监理单位及其工作人员均要求具备相应资质,所有工程完工项目均要求按规范程序进行验收。实行项目法人制,分解落实工作责任,建立健全规章制度,对因整改措施不落实、工程质量不合格、违规使用建设资金和乱收费等行为,依法依规追究相关责任人的责任,确保做到"改造一所,完成一所,达标一所"。四是加强监督,严抓质量。通过安排月报检查、季度复查、半年度督查和暑期重点专项检查,形成了有效的监督机制,促进市本级学校校舍安全工程按质按量顺利推进。充分利用暑假工程建设的黄金期,督促各学校加快工程建设进度。加强学校和设计、监理、施工等单位之间的沟通衔接工作,保持动态联系。要求项目监理和学校项目管理人员严格按照施工图及规范要求进行加固改造施工管理,重点加强对主要节点及细部的控制。五是文明施工,确保安全。市教育局等部门要求施工单位加强施工安全教育,将施工现场与学校其他区域进行合理分隔,按安全文明施工要求落实相关措施,确保学校师生安全。对于预计加固改造工程不能在秋季开学前完成的,市教育局等部门还指导相关学校制订了《校舍安全加固改造工程实施应急预案》,确保将校安工程对学校的影响降到最低。市本级校舍安全工程规划所有项目的如期实施完毕,为广大师生营造了一个安心、放心的校园环境,使校舍安全工程真正成为"阳光工程""民心工程"。

Chapter 2
Project Show
第二章 项目展示

杭州高级中学

School Profile

学校概况

　　杭州高级中学创建于 1899 年,隶属于杭州市教育局,是浙江省首批一级重点中学。学校占地面积约 65000 平方米,建筑面积约 41000 平方米,是目前杭州市城区占地面积最大、交通最便利的浙江省一级重点中学。同时也是省现代教育技术实验学校、省重点文物保护单位、省花园式绿化先进单位。学校以集自然、人文景观于一身,融历史与现代为一体的校园环境,而成为杭州独特亮丽、底蕴丰厚的人文景区。

Before Reinforcement
and Reconstruction

```
  1
2 | 3 | 4
```

1 / 图书馆外立面 /
2 / 食堂餐厅 /
3 / 教学楼教室 /
4 / 科学馆外立面 /

In Reinforcement and Reconstruction

加固改造中

Project Profile

工程概况

　　杭州高级中学校舍安全工程（加固改造类）涉及科学馆、图书馆、图书馆北、五进中教室、二进教学楼、膳厅和食堂等。其中，科学馆、图书馆和图书馆北加固工程于2010年6月11日开工，2010年10月1日竣工，建筑面积约4939平方米，投资约615万元；五进中教室、二进教学楼、膳厅和食堂加固工程于2011年6月10日开工，2011年8月9日竣工，建筑面积约8390平方米，投资约524万元。

1	2
3	4

1 / 加固墙体粉刷层凿除 /

2 / 走廊墙体及构造柱加固 /

3 / 屋面梁钢板加固 /

4 / 阴角增设构造柱基础节点 /

In Reinforcement and Reconstruction

加固改造中

1 / 阴角角钢加固 /
2 / 构造柱与原圈梁连接加固 /
3 / 增设构造柱与圈梁加固前粉刷层凿除 /
4 / 钢筋混凝土构造柱加固 /

/ 教学楼整体效果 /

/ 图书馆整体效果 /

1 / 科学馆内走廊局部效果 /
2 / 图书馆楼梯效果 /　　　1|2|3
3 / 教学楼外走廊效果 /

After Reinforcement
and Reconstruction　　加固改造后现貌

/ 教学楼教室内部效果 /

杭州学军中学

School Profile

学校概况

　　杭州学军中学创建于 1956 年，隶属于杭州市教育局，是浙江省首批一级重点中学。学校占地面积约 43000 平方米，建筑面积约 36000 平方米。学校具有得天独厚的人文地理优势和科学文化氛围，以教学设施精、师资队伍强、教学质量好、学生品德优蜚声省内外。

/ 东楼局部外立面 /

/ 东楼外立面 /　　　　　　　　　/ 东楼局部外立面 /

Before Reinforcement and Reconstruction

加固改造前原貌

/ 东楼局部外立面 /

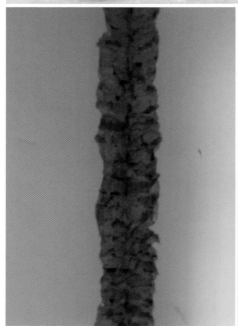

```
  1
  ┌─────
  │ 3
2 ├─────
  │ 4
```

1 / 角钢防锈处理 /
2 / 阴角增设构造柱前粉刷层凿除 /
3 / 墙体粉刷层凿除 /
4 / 墙体钢筋网加固 /

Project Profile

工 程 概 况

　　杭州学军中学校舍安全工程（加固改造类）涉及东楼1个单体。工程于2010年7月4日开工，2010年8月30日竣工，建筑面积约2136平方米，投资约210万元。

1 / 楼梯间粉刷层凿除 /

2 / 构造柱端部加密节点 / $\frac{1\;|\;2}{3}$

3 / 圈梁角钢加固 /

1	2
3	4
5	

1 / 东楼外立面局部效果 /

2 / 东楼外立面局部效果 /

3 / 东楼内走廊局部效果 /

4 / 东楼内走廊效果 /

5 / 东楼内走廊局部效果 /

/ 东楼内部吊顶效果 /

/ 东楼局部效果 /

/ 东楼外立面局部效果 /

杭州第二中学

School Profile

学 校 概 况

　　杭州第二中学创建于 1899 年,隶属于杭州市教育局,是浙江省首批办好的 18 所重点中学之一,浙江省首批一级重点中学。学校占地面积约 135000 平方米,建筑面积约 83000 平方米。校园环境古朴幽雅,文化底蕴深厚。学校秉承百年历史名校的优良办学传统,信守"让学生自主发展"的办学理念,深受全社会的信赖和赞誉。

/ 三好楼外立面 /

/ 三好楼外立面 /

Before Reinforcement and Reconstruction

加固改造前原貌

/ 行政楼外立面 /

/ 求是楼外立面 /

In Reinforcement and Reconstruction

加固改造中

Project Profile

工程概况

杭州第二中学校舍安全工程（加固改造类）涉及东河校区劳技楼、科学馆、三好楼、求是楼、行政楼等。其中，劳技楼加固工程于2009年9月15日开工，2009年10月15日竣工，建筑面积约1297平方米，投资约130万元；科学馆加固工程于2010年7月5日开工，2010年11月5日竣工，建筑面积约3009平方米，投资约330万元；三好楼、行政楼、求是楼加固工程于2011年6月10日开工，2011年10月1日竣工，建筑面积约5761平方米，投资约368万元。

1 / 钢筋砼柱与原结构连接加固 /
2 / 钢构造柱钢板与墙体灌缝 /
3 / 构造柱基坑 /

In Reinforcement
and Reconstruction

加 固 改 造 中

1 / 钢板安装前黏结剂处理 /
2 / 阳角增设构造柱前粉刷层凿除 /
3 / 钢构造柱表面钢丝网防裂处理 /

/ 行政楼整体效果 /

/ 三好楼整体效果 /

/ 实验楼整体效果 /

```
1  2  3  4
   5
   6
```

1 / 行政楼楼梯效果 /
2 / 行政楼内走廊局部效果 /
3 / 科学馆内走廊效果 /
4 / 科学馆外走廊效果 /
5 / 实验楼教室效果 /
6 / 求是楼整体效果 /

杭州第四中学

School Profile

学校概况

　　杭州第四中学创建于 1899 年，隶属于杭州市教育局，是浙江省最早的现代公立中学，也是新中国成立后杭城最早的三所省重点中学之一。学校占地面积约 147000 平方米，建筑面积约 74000 平方米。校园文化氛围浓郁，环境优美，方便如家。学校"严谨、求实"的校风、"正直、俭朴、尚礼、扬善"的校训名扬全国，养正尚德，立人求真。

1 / 教学楼外立面 /
2 / 教学楼局部外立面 /
3 / 教学楼外走廊 /
4 / 教学楼局部外立面 /

Before Reinforcement
and Reconstruction

/ 教学楼 /

/ 楼梯间钢构造柱加固施工 /

/ 楼梯间钢圈梁及钢构造柱加固施工 /

/ 阴角增设钢圈梁及钢构造柱前粉刷层凿除 /

/ 教室增设钢圈梁及钢构造柱前粉刷层凿除 /

/ 阴角钢构造柱与钢圈梁连接处施工 /

Project Profile

工 程 概 况

　　杭州第四中学校舍安全工程（加固改造类）涉及吴山校区实验楼、1号教学楼、2号教学楼3个单体。其中，实验楼加固工程于2010年7月1日开工，2010年8月30日竣工，建筑面积约3141平方米，投资约150万元；1号教学楼、2号教学楼加固工程于2011年7月1日开工，2011年8月29日竣工，建筑面积约4357平方米，投资约278万元。

/ 阳角钢构造柱及墙体钢构造柱
表面钢丝网施工 /

/ 墙体钢丝网加固施工 /

/ 楼板端部及钢圈梁施工 /

/2 号教学楼整体效果 /

/1 号教学楼教室内部效果 /

/ 实验楼内走廊局部效果 /

/1 号教学楼外走廊效果 /

/2 号教学楼教室局部效果 /

/2 号教学楼楼梯效果 /

杭州第四中学加固改造后现貌

浙江大学附属中学

School Profile

学 校 概 况

　　浙江大学附属中学源于丰子恺、潘天寿等贤达创办的明远中学，隶属于杭州市教育局，是浙江省一级重点中学。学校坐落于一级风景区，占地面积约 37000 平方米，建筑面积约 25000 平方米。校园环境得天独厚，精致优雅，是莘莘学子读书的好地方。学校秉承了浙大"求是"传统，形成了"艰苦创业、科学务实、团结进取"的校风和"求知、求真、求实、求新"的学风，"教学中研究、研究中教学"成为学校鲜明的特色，教育教学质量位居浙江省前列。

/ 第二教学楼外立面 /

/ 第二教学楼外立面 /

/ 第二教学楼外立面 /

浙江大学附属中学加固改造前原貌

1 / 钢构造柱基础部分钢结构节点 /

2 / 阳角处钢构造柱端部节点 /

3 / 构造柱基坑 /

4 / 窗间墙钢构造柱节点 /

5 / 梁支撑处墙体钢构造柱加固 /

6 / 楼梯间增设钢构造柱前粉刷层凿除 /

Project Profile

工 程 概 况

　　浙江大学附属中学校舍安全工程（加固改造类）涉及第二教学楼 1 个单体。工程于 2011 年 6 月 16 日开工，2011 年 10 月 2 日竣工，建筑面积约 2291 平方米，投资约 160 万元。

/ 钢构造柱基础钢板加密施工 /

/ 钢构造柱基础钢板安装 /

杭州市本级学校校舍安全工程图册

/ 第二教学楼外立面局部效果 /

浙江大学附属中学加固改造后现貌

杭州第九中学

School Profile

学 校 概 况

　　杭州第九中学创建于 1932 年,隶属于杭州市教育局,是杭城东部中心唯一一所浙江省重点中学、杭州市优质高中。学校占地面积约 24000 平方米,建筑面积约 22000 平方米。学校环境优美,校园内小桥流水、鲜花盛开,被誉为"花园式校园"。学校秉承"让每一位学生都生活在同一片蓝天下,让每一位学生都沐浴在希望的阳光里,让每一位学生都成长在快乐的学习中"的办学理念,积极关注每一位学生的健康发展。

/ 1 号教学楼外立面 /

/ 2 号教学楼外立面 /

杭州第九中学加固改造前原貌

In Reinforcement
and Reconstruction

加固改造中

1/梁支撑处墙体加固粉刷层凿除/
2/阳角处钢构造柱加固/
3/钢构造柱钢板安装/
4/阳角处加固墙体粉刷层凿除/

Project Profile

工 程 概 况

　　杭州第九中学校舍安全工程（加固改造类）涉及1号教学楼、2号教学楼、实验图书楼3个单体。工程于2011年6月10日开工，2011年8月15日竣工，建筑面积约7581平方米，投资约370万元。

加固改造中
In Reinforcement
and Reconstruction

1
2
3
4

1 / 钢构造柱加固墙体粉刷层凿除 /
2 / 楼梯间钢构造柱加固墙体粉刷层凿除 /
3 / 阳角钢构造柱钢板端部加密 /
4 / 钢筋砼梁钢结构加固 /

/ 实验图书楼整体效果 /

/ 实验图书楼实验室内部效果 /

加固改造后现貌
After Reinforcement
and Reconstruction

1
2 | 3 | 4

1 / 实验图书楼外立面
　局部效果 /

2 / 1 号教学楼外走廊效果 /

3 / 2 号教学楼教室
　局部效果 /

4 / 实验图书楼内走廊
　局部效果 /

杭州第十四中学

School Profile

学 校 概 况

  杭州第十四中学创建于 1904 年，隶属于杭州市教育局，是浙江省历史悠久的百年名校之一，现为浙江省一级重点中学。学校占地面积约 143000 平方米，建筑面积约 104000 平方米。西湖山水的秀美、古都文化的底蕴、八方才俊的智慧，铸就了学校的优秀品质，学校以"创造一种适合学生的教育，让学生成为最优秀的自己"为办学宗旨，本着"得天下英才而教育之"的理念，实施"容短促长"的资优生培养模式，开发学生潜能，发展学生优资。

/ 学生宿舍综合楼（二）外立面 /

/ 行政楼（二）外立面 /

/ 学生宿舍综合楼（二）外立面 /

/ 行政楼（二）外立面 /

Project Profile

工 程 概 况

杭州第十四中学校舍安全工程(加固改造类)涉及凤起校区行政楼(二)和学生宿舍综合楼(二)2个单体。工程于 2010 年 7 月 16 日开工,2010 年 9 月 25 日竣工,建筑面积约 2882 平方米,投资约 288 万元。

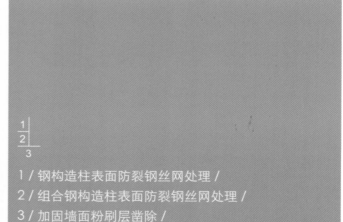

1 / 钢构造柱表面防裂钢丝网处理 /

2 / 组合钢构造柱表面防裂钢丝网处理 /

3 / 加固墙面粉刷层凿除 /

$$\frac{1}{\frac{2\,|\,3\,|\,4}{5}}$$

1 / 钢圈梁与梁支撑处钢构造柱连接节点 /

2 / 楼梯间钢构造柱钢板加固 /

3 / 钢构造柱基础钢板加密节点 /

4 / 阴角处加固墙体粉刷层凿除 /

5 / 配电箱周边加固墙体粉刷层凿除 /

杭州市本级学校校舍安全工程图册

/ 学生宿舍综合楼外走廊效果 /

/ 学生宿舍综合楼整体效果 /

After Reinforcement and Reconstruction

加固改造后现貌

/ 学生宿舍综合楼
内走廊局部效果 /

/ 学生宿舍综合楼
楼梯效果 /

/ 学生宿舍综合楼
公共盥洗室内部效果 /

杭州市中策职业学校

School Profile

学校概况

杭州市中策职业学校创建于1979年，隶属于杭州市教育局，是我国首批国家级重点职业学校，是杭州市政府命名的五大名校教育集团之一，是浙江省开办最早的职业学校。学校占地面积约58000平方米，建筑面积约45000平方米。学校规模大，专业门类多，为浙江省、杭州市职业教育的改革与发展做出了积极贡献，成为职业教育的一片热土，被誉为"新型劳动者的摇篮"、职业学校的"领头雁"。

加固改造前原貌

Before Reinforcement and Reconstruciton

/ 第一教学大楼外立面 /

加固改造前原貌

/ 第一教学大楼外立面 /

加固改造中
In Reinforcement and Reconstruction

1
2
3
4

1 / 教室增设钢圈梁与墙体构造柱前粉刷层凿除 /

2 / 钢构造柱与钢圈梁连接节点 /

3 / 梁端支撑处加固墙体粉刷层凿除 /

4 / 窗间墙钢结构加固后水泥砂浆粉刷 /

Project Profile

工 程 概 况

　　杭州市中策职业学校校舍安全工程（加固改造类）涉及莫干校区第一教学大楼 1 个单体。工程于 2011 年 6 月 5 日开工，2011 年 8 月 3 日竣工，建筑面积约 4527 平方米，投资约 292 万元。

2	
3	
1	4

1 / 加固墙体粉刷层凿除 /
2 / 钢圈梁与钢构造柱加固钢结构安装 /
3 / 加固钢板厚度检测 /
4 / 墙体钢筋网加固 /

加固改造后现貌
After Reinforcement and Reconstruction

1	2	3
4		

1 / 第一教学大楼外走廊局部效果 /
2 / 第一教学大楼外立面局部效果 /
3 / 第一教学大楼入口效果 /
4 / 第一教学大楼整体效果 /

$\dfrac{1}{2\,|\,3\,|\,4}$

1 / 第一教学大楼外立面局部效果 /
2 / 第一教学大楼楼梯效果 /
3 / 第一教学大楼外走廊效果 /
4 / 第一教学大楼外立面局部效果 /

After Reinforcement and Reconstruction　加固改造后现貌

杭州市交通职业高级中学

School Profile

学 校 概 况

　　杭州市交通职业高级中学创建于 1991 年,隶属于杭州市教育局,是浙江省级重点职业学校,位于杭州市区德胜新村内,占地面积约 18000 平方米,建筑面积约 10000 平方米。学校坚持"为学生生存服务,为学生就业服务,为学生发展服务"的办学思想;确立"做强学历教育,做大职业培训,做活产教结合,做精校园文化"的办学思路;倡导"人品重于学识,习惯成就技能"的育人理念;营造"规范做事,宽容待人"的管理环境。

加固改造前原貌

Before Reinforcement
and Reconstruction

杭州市本级学校校舍安全工程图册

/ 教学楼外立面 /

/ 活动室外立面 /

/ 食堂外立面 /

Project Profile

工 程 概 况

  杭州市交通职业高级中学校舍安全工程（加固改造类）涉及活动室、食堂、车库、宿舍、教学楼、实验楼、阶梯教室等单体。其中活动室、车库、宿舍、食堂加固工程于 2010 年 6 月 28 日开工，2010 年 8 月 20 日竣工，建筑面积约 1603 平方米，投资约 68 万元；教学楼、实验楼、阶梯教室加固工程于 2011 年 6 月 20 日开工，2011 年 8 月 13 日竣工，建筑面积约 4896 平方米，投资约 342 万元。

1	
2	
3	4

1／屋面防水保温处理／

2／阳角加固墙体粉刷层凿除／

3／梁支撑处钢构造柱基础节点／

4／阳角钢构造柱端部钢板加密节点／

1 / 钢梁防锈处理 /
2 / 现浇楼梯及钢构造柱加固 /
3 / 外墙阳角钢构造柱钢结构加固 /
4 / 阳角钢构造柱钢结构加固 /

加固改造中

In Reinforcement and Reconstruction

加固改造后现貌
After Reinforcement
and Reconstruction

$\frac{1}{2}$ 1 / 车库、宿舍整体效果 /
2 / 教学楼整体效果 /

1
2|3|4

1 / 活动室整体效果 /
2 / 教学楼内走廊局部效果 /
3 / 教学楼外立面局部效果 /
4 / 车库、宿舍楼梯效果 /

After Reinforcement
and Reconstruction

加固改造后现貌

杭州市交通职业高级中学加固改造后现貌

杭州市美术职业学校

School Profile

学 校 概 况

　　杭州市美术职业学校创建于 1979 年,隶属于杭州市教育局,是浙江省重点中等职业学校。学校占地面积约 9000 平方米,建筑面积约 7000 平方米,设有美术绘画和美术设计两大类专业,由多专业、多门类、多模块的综合职业学校发展为专业优势凸显、极具生命力和发展潜力的美术类职业学校,其美术专业的规模、专业覆盖面、专业教学成绩、专业的行业认同度都已经站在杭州市中等美术职业教育的高点。

/ 教学楼局部外立面 /

/ 行政楼局部外立面 /

杭州市美术职业学校加固改造前原貌

Project Profile

工 程 概 况

　　杭州市美术职业学校校舍安全工程（加固改造类）涉及教学楼、实验楼、行政楼 3 个单体。工程于 2011 年 6 月 20 日开工，2011 年 8 月 20 日竣工，建筑面积约 3492 平方米，投资约 349 万元。

1 / 钢构造柱与钢圈梁加固 /
2 / 钢圈梁与钢构造柱连接处钢板安装 /
3 / 钢圈梁与阴角钢构造柱加固 /
4 / 扁钢穿楼板节点 /

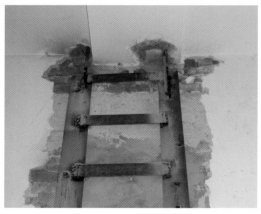

In Reinforcement and Reconstruction

In Reinforcement and Reconstruction

加 固 改 造 中

<table>
<tr><td>1</td><td>2</td></tr>
<tr><td>3</td><td>4</td></tr>
</table>

1 / 板端及钢圈梁钢结构加固 /
2 / 走廊钢构造柱加固钢板安装 /
3 / 阴角钢构造柱与钢圈梁加固 /
4 / 钢构造柱钢板焊接 /

In Reinforcement and Reconstruction

杭州市本级学校校舍安全工程图册

/ 教学楼整体效果 /

/ 行政楼整体效果 /

After Reinforcement and Reconstruction

加固改造后现貌

1 / 教学楼教室局部效果 /

2 / 行政楼内走廊局部效果 /

3 / 实验楼实验室内部效果 /

4 / 实验楼外立面局部效果 /

5 / 实验楼楼梯效果 /

6 / 实验楼内走廊效果 /

杭州市美术职业学校加固改造后现貌

杭州艺术学校

School Profile

学校概况

　　杭州艺术学校系综合性艺术中等专业学校,创建于1958年,隶属于杭州市文化广电新闻出版局,是浙江省重点学校,杭州市唯一一所中等专业艺术学校。学校占地面积约19000平方米,建筑面积约14000平方米。学校的主要办学目标是为社会发现和培养专业的艺术表演人才,同时为高等艺术院校输送优秀生源,为社会培养合格人才。学校致力于成为一所具有自身办学特点的艺术殿堂,繁荣文化艺术事业,为社会主义精神文明建设做出贡献。

/ 教学楼外立面 /

加固改造前原貌

/ 教学楼局部外立面 /

1	
2	
3	4

1 / 钢筋砼柱加固基坑 /
2 / 加固墙体钢筋网施工 /
3 / 楼梯间钢构造柱加固 /
4 / 墙体钢筋网与钢构造柱加固 /

Project Profile

工 程 概 况

　　杭州艺术学校校舍安全工程（加固改造类）涉及教学楼、行政楼、舞蹈楼 3 个单体。工程于 2011 年 6 月 18 日开工，2011 年 9 月 14 日竣工，建筑面积约 3671 平方米，投资约 368 万元。

2	3
1	4

1 / 增设钢构造柱前墙体粉刷层凿除 /

2 / 钢构造柱基坑 /

3 / 钢构造柱基础钢板节点 /

4 / 梁、柱碳纤维布加固 /

1
2
3

1 / 教学楼教室内部效果 /
2 / 教学楼整体效果 /
3 / 舞蹈楼整体效果 /

1 / 教学楼外走廊局部效果 /
2 / 行政楼外走廊局部效果 /
3 / 行政楼内走廊局部效果 /
4 / 教学楼楼梯效果 /
5 / 教学楼教室局部效果 /

杭州艺术学校加固改造后现貌

杭州市轻工技工学校

School Profile

学 校 概 况

　　杭州市轻工技工学校创建于 1980 年,隶属于杭州市人力资源和社会保障局,是一所集学历教育、技能培训与鉴定于一体的多功能、综合性学校,是浙江省重点技工学校。学校地处杭州市中心,地理位置优越,交通便捷,建筑面积约 24000 平方米。学校秉承"以就业为导向、以能力为本位"的服务宗旨,推行多元化办学模式,努力实现"就业服务高要求、教育教学高质量、专业建设高品位、学校发展高效益"的办学目标。

杭州市本级学校校舍安全工程图册

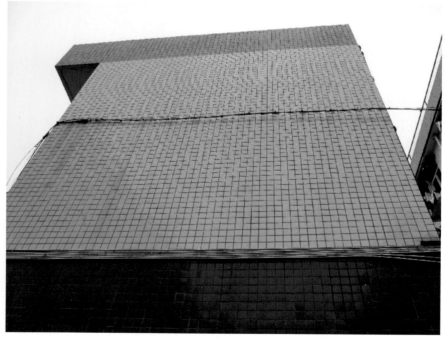

/2 号教学楼局部外立面 /

/2 号教学楼局部外立面 /

加固改造中
In Reinforcement
and Reconstruction

1
2
3

1 / 钢筋砼柱加固 /
2 / 钢筋砼柱钢筋与原构造柱连接节点 /
3 / 构造柱基坑 /

Project Profile

工程概况

　　杭州市轻工技工学校校舍安全工程（加固改造类）涉及 1 号教学楼、2 号教学楼 2 个单体。工程于 2010 年 7 月 1 日开工，2010 年 9 月 20 日竣工，建筑面积约 6191 平方米，投资约 428 万元。

1 / 构造柱基础加固 /
2 / 走廊加固墙体粉刷层凿除 /
3 / 钢筋砼柱基础钢筋节点 /
4 / 加固墙体钢筋网 /

加固改造中
In Reinforcement
and Reconstruction

After Reinforcement and Reconstruction

加固改造后现貌

```
  1
 ┌─
2 │3
```

1／1号教学楼整体效果／
2／2号教学楼内走廊局部效果／
3／2号教学楼局部效果／

1 / 1 号教学楼内走廊局部效果 /
2 / 1 号教学楼内走廊效果 /
3 / 1 号教学楼外墙局部效果 /
4 / 2 号教学楼内走廊楼梯效果 /
5 / 2 号教学楼内走廊局部效果 /

After Reinforcement and Reconstruction　加固改造后现貌

School Profile

学 校 概 况

　　杭州市第一机械技工学校创建于 1958 年,隶属于杭州市安全生产监督管理局,是一所集学历教育、技能培训、安全培训、职业技能鉴定于一体的多功能、综合性公办全日制技工学校。学校教学设施齐全,建筑面积约 4600 平方米,拥有计算机、电工、电子等各类实验室和图书馆。学校以优良的教学质量和严格的学生管理享誉杭城,至今已发展成一个为大中型企事业单位输送技术工人和管理人员的培训基地。

加固改造前原貌

Before Reinforcement and Reconstruction

/ 教学楼局部外立面 /

/ 车工钳工实训楼实训教室 /

加固改造前原貌

Before Reinforcement
and Reconstruction

/ 宿舍楼局部外立面 /

Project Profile
工 程 概 况

　　杭州市第一机械技工学校校舍安全工程（加固改造类）涉及教学楼、宿舍楼及车工钳工实训楼3个单体。工程于2011年6月18日开工，2011年10月18日竣工，建筑面积约4441平方米，投资约331万元。

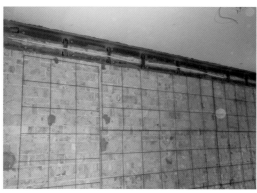

1	
2	5
3	6
4	

1 / 梁支撑处墙体钢构造柱加固 /

2 / 钢构造柱加固基坑 /

3 / 钢筋砼柱钢筋与原结构连接节点 /

4 / 加固墙体钢筋网 /

5 / 钢筋砼柱加固 /

6 / 钢圈梁及阴角钢构造柱加固 /

In Reinforcement and Reconstruction

加固改造中

/ 外墙粉刷层凿除 /

```
1 │ 2
───┼───
3 │ 4
```

1 / 教学楼消防楼梯局部效果 /

2 / 教学楼消防楼梯效果 /

3 / 宿舍楼外走廊效果 /

4 / 教学楼外立面局部效果 /

After Reinforcement and Reconstruction

加固改造后现貌

1 / 教学楼整体效果 /
2 / 车工钳工实训楼外走廊效果 /
3 / 宿舍楼外立面局部效果 /

杭州市陈经纶体育学校

School Profile

学 校 概 况

　　杭州市陈经纶体育学校是 1993 年经浙江省教委、省计委批准建立的一所全日制体育中等专业学校。学校占地面积约 76000 平方米,建筑面积约 43000 平方米。学校分为"三集中""二集中"和"走训"三种教学形式,开设田径、游泳、体操、艺术体操等共 18 个体育运动项目,具有保证开设项目全天候运行的标准训练场馆。学校坚持训练为核心、教学为龙头,努力在"一流设施""一流教学"和"一流管理"上下功夫,成绩显赫,被誉为"世界冠军的摇篮"。

/3 号楼局部外立面 /

加固改造前原貌
Before Reinforcement
and Reconstruction

/ 柔道馆屋面局部 /

Before Reinforcement and Reconstruction　加固改造前原貌

/A 号楼局部外立面 /

1	
2	
3	4

1 / 屋面梁碳纤维布加固 /
2 / 屋面钢梁加固 /
3 / 墙体钢筋网与板底角钢加固 /
4 / 加固墙体钢筋网 /

Project Profile

工 程 概 况

　　杭州市陈经纶体育学校校舍安全工程（加固改造类）涉及曙光路校区宿舍楼、食堂,凤凰山校区1号楼、3号楼、A号楼、举重馆、柔道馆等单体。其中,曙光路校区宿舍楼、食堂加固工程于2011年7月11日开工,2011年9月13日竣工,建筑面积约4539平方米,投资约350万元;凤凰山校区1号楼、3号楼、A号楼、举重馆、柔道馆加固工程于2012年11月13日开工,2013年1月26日竣工,建筑面积约3400平方米,投资约414万元。

$\frac{1|3}{2|4}$

1 / 屋面梁碳纤维布加固 /
2 / 阴角钢构造柱钢板加固 /
3 / 钢构造柱钢板固定节点 /
4 / 加固前墙体粉刷层凿除 /

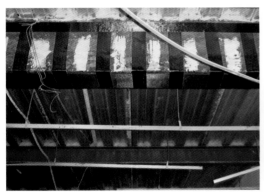

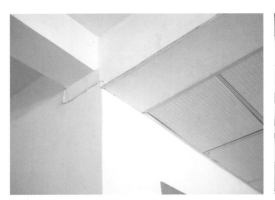

1 / 举重馆局部效果 /　　　4 / 食堂餐厅效果 /

2 / 柔道馆内部效果 /　　　5 / 柔道馆外墙效果 /

3 / 宿舍楼外立面局部效果 /

After Reinforcement and Reconstruction

加固改造后现貌

/ 柔道馆内部效果 /

杭州市陈经纶体育学校加固改造后现貌

Chapter 3
Technical Analysis
第三章 技术解析

第三章 技术解析

一、加固改造对象特点

根据《中小学校舍建筑安全排查鉴定工作细则》及《房屋安全鉴定报告》,杭州市本级学校需整体加固改造的建筑具有以下特点:

第一,建设时间大多集中在 20 世纪 80 年代初,部分建于 90 年代初,设计时未考虑抗震设防;构造柱与圈梁的设置不符合抗震规范要求,楼梯间四角及平台梁处未设置构造柱,个别建筑单体采用悬臂楼梯。

第二,房屋结构形式大多为砖混结构,部分建筑采用钢筋混凝土与砌体混合承重体系;楼屋面为预制预应力圆孔板,教学楼普遍采用外挑走道廊。

第三,设计时墙体所用的砂浆强度、砂浆实际强度偏低,达不到抗震规范最低强度要求。

第四,部分构件截面尺寸偏小,混凝土强度等级偏低。

第五,部分节点构造未能满足抗震要求(如采用砖砌女儿墙等)。

二、加固改造设计依据

校舍安全工程的设计依据主要包括以下四个方面:

一是国家及省市有关设计规范:《建筑结构可靠度设计统一标准》《建筑结构荷载规范》《混凝土结构设计规范》《建筑抗震设计规范》《建筑抗震鉴定标准》《建筑抗震加固技术规程》《混凝土结构加固设计规范》《混凝土结构后锚固技术规程》《砌体结构设计规范》《钢结构设计规范》《建筑工程施工质量验收统一标准》《混凝土结构工程施工质量验收规范》《砌体工程施工质量验收规范》《钢结构工程施工质量验收规范》等。

二是房屋安全鉴定报告。

三是建设单位提供的原设计图纸及竣工资料。

四是主管部门相关要求及意见。

三、加固改造设计原则

第一,考虑到学校的特殊性,整体加固改造的施工时间为学校暑期放假时间,一般为 2 ～ 3 个月。加固改造设计必须考虑其特殊性,尽可能满足使用要求。

第二,设计主要考虑保证结构的承载力与提高房屋的整体性与延性,从而提高房屋的抗震性能。其主要设计内容为:

①按现有抗震规范要求增设构造柱、圈梁。

②楼梯间的抗震加固(构造柱、双面钢丝网粉刷、楼梯栏杆与扶手)。

③局部墙体、梁、柱的加固。

④女儿墙等部位的改造。

⑤楼地面、内外装饰的修补,屋面渗漏的修补,裂缝的封闭与修补等。

第三,设计时应考虑可实施性,并尽可能减少对原有结构的损伤。

抗震加固可采用混凝土材料与钢结构材料;采用混凝土加固,其整体性、防火性能、耐久性较好,但需改变其原有立面,混凝土构造柱的设置会影响使用功能(如教室加设构造柱造成课桌布置困难或使走廊宽度不能满足疏散要求),内墙的混凝土圈梁施工困难。

为加快施工进度,减少对使用功能的影响,尽可能保持原有立面,本次加固设计主要采用钢结构材料,墙体加固采用双面加钢筋网片及加设构造柱的方法。

第四,房屋后续设计使用年限:一般为 50 年减去已使用的年限。

四、加固改造方法与技术要点

1. 构造柱

(1)设计要求

①按《建筑抗震设计规范》《砌体结构设计规范》要求,对不满足规范要求的部位增设构造柱。构造柱设置部位为:楼梯间四角及梯梁支承处、外墙四角及对应转角处、错层部位横墙与外纵墙交接处、大房间内外墙交接处、较大洞口二侧、混凝土梁支承处及规范规定的其他处。

②构造柱采用 L100×6 竖向角钢(转角处)或－100×6 竖向钢板(平面处),并设置－60×4@500 缀板,用 M12@500 穿墙螺杆(或化学锚栓)连接。

③构造柱下端锚入基础,并尽可能与原基础梁相连,伸入室外地坪以下不小于 500mm;0.50m 标高以下、楼面以上 600mm、楼面以下 600mm 范围为节点加密区,此范围缀板及螺杆间距为 300mm;构造柱竖向角钢(或竖向钢板)应尽可能通长设置。

④室外地坪以下标高、新增构造柱处设 C25 混凝土锚固墩。设计要求详见图 1 ～图 5 构造柱节点。

图 1 转角处构造柱立面图

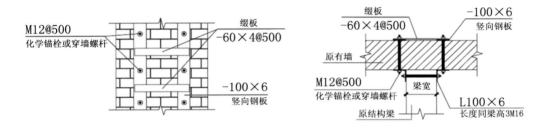

图 2 T形构造柱立面

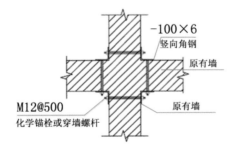

图 3 十字形构造柱

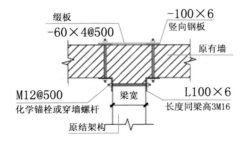

图 4 楼梯平台梁处构造柱平面

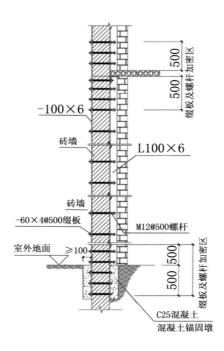

图 5 构造柱加密区示意

（2）施工要求

①构造柱竖向角钢（或竖向钢板）下端锚入基础,中间穿过楼面,上端外墙部位伸至女儿墙顶（或檐沟底）,内墙部位伸至屋面板面底,应尽可能通长设置。

②新增构造柱竖向角钢中间层穿楼面时,由于预制多孔板不能开孔、去角,致使角钢与楼板长度方向垂直的一个肢不能贯通,此时,竖向角钢不连续的一肢可用 $2\phi20$ 钢筋穿板与角钢双面焊接,钢筋与角钢每端的焊缝长度取 150mm。楼板穿孔必须用电锤,竖向角钢另一肢必须连续。

③构造柱角钢与缀板的连接采用焊接（满焊）,角钢（或钢板）与砖砌体之间应以乳胶水泥黏结（原砖砌体表面松散部分应清理干净）,构造柱表面设钢丝网及 20 厚 1：2.5 水泥砂浆保护层（内掺结构胶）。

④新增构造柱与原混凝土圈梁之间由 M12@500 化学锚栓或穿墙螺杆连接。

⑤新增构造柱地坪以下部分用 C25 混凝土封闭,浇筑混凝土前,应将原混凝土（或原有墙体）表面松散部分清理并冲洗干净。

⑥穿墙螺杆制作要求:将螺杆一端的螺帽固定,穿墙部分无螺纹,螺杆另一端与钢板（或角钢）之间设垫片,令螺杆出螺帽 1～2 丝,并点焊。

⑦当楼梯间上下层梯梁平面位置错位时,应局部加大构造柱截面尺寸,确保构造柱竖向贯通。

⑧原预制多孔板不能开设上下贯通的空洞或去角。

2. 圈梁

（1）设计要求

按现行抗震设计规范，在预应力圆孔板板底处增设圈梁。构造柱与圈梁应闭合，以形成对墙体的约束箍。

圈梁采用 L100×6 横向角钢或 —60×6 横向钢板，并设置 —50×4@500 缀板；采用 2M12@500 穿墙螺杆（或化学锚栓）与墙体连接，圈梁高 250mm。

设计要求详见图 6～图 8 圈梁节点。

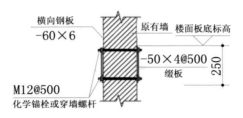

图 6 纵墙圈梁

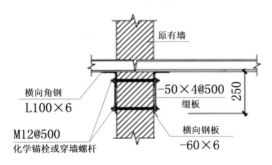

图 7 横墙圈梁

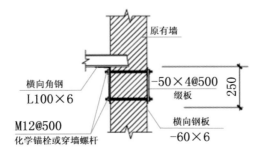

图 8 山墙圈梁

（2）施工要求

①圈梁横向角钢或横向钢板与缀板的连接采用焊接（满焊），角钢（或钢板）与砖砌体之间应以乳胶水泥黏结（原砖砌体表面松散部分应清理干净），圈梁表面设钢丝网及20厚1∶2.5水泥砂浆保护层（内掺结构胶）。

②新增圈梁与原有混凝土构造柱由M12@500化学锚栓或穿墙螺杆连接。

③新增圈梁的横向角钢或横向钢板应在新增构造柱角钢的内侧，相交部位由M12@500化学锚栓或穿墙螺杆与墙连接。

3. 墙体

（1）设计要求

当墙体砌筑砂浆强度（设计或施工原因造成）不能满足构造要求，或砌体强度不能满足承载力要求时，该墙体采用增设构造柱及双面钢筋网或仅增设双面钢筋网的加固方法。

楼梯间及主要疏散通道两侧墙体一律采用双面钢筋网加固。

①钢筋网一般可采用φ6@300×300网片，φ6S形穿墙筋（间距900mm，梅花形布置）。

②钢筋网砂浆面层的厚度为35mm，钢筋网与墙面的空隙不应小于5mm；底层钢筋网应伸入室外地面以下500mm，面层厚50mm。

③墙体用双面钢筋网加固且同时有新增构造柱时，应先墙后柱。

④钢筋网四周应设－80×5钢板压条。

（2）施工要求

钢筋网应采用呈梅花形布置的锚筋（穿墙筋）固定于墙体上；钢筋网四周应设置－80×5钢板压条与楼板、梁、柱或墙体可靠连接；钢筋网遇门、窗洞时，宜将两侧的横向钢筋网在洞口闭合；施工要求详见JGJ 116—2009《建筑抗震加固技术规程》5.3.3条规定。

4. 柱

（1）设计要求

建筑内部的独立柱当截面尺寸、配筋不能满足规范要求时，可采用增大混凝土柱截面与配筋或外包角钢的加固方法。

当柱周边无承重墙体时，可优先考虑增大柱截面尺寸的方法，为保证施工质量，加快施工进度，建议采用高强度灌浆料。其要点主要有以下几点：

①应将原混凝土保护层凿除，结合面基层应坚实，表面应粗糙、清洁，不应有浮渣和灰尘。

②结合面应用水冲洗干净，浇筑新混凝土前在原混凝土表面应涂刷界面结

合剂。

③柱新加钢筋应用植入法锚入原基础（或基础梁）内,柱上端应穿过楼面梁与上柱钢筋连接（当柱多层截面不符合要求,采用预制楼板时施工较困难）。

④施工时应采取相应施工技术措施,禁止重锤敲打,应保证原有结构不受影响。

由于教学楼采用钢筋混凝土柱承重时,大多柱边有墙体,且实际承载力与荷载效应差距较小,采用外包角钢加固一般能满足规范要求,且施工较方便。图9为柱外包角钢示例。

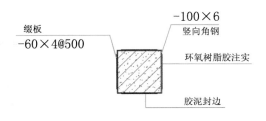

图 9 柱外包角钢

（2）施工要求

①将原构件截面的棱角打磨成半径 r ≥ 7mm 的圆角,并用钢丝刷毛,用压缩空气吹净,刷环氧树脂胶一道,将已除锈并用二甲苯擦净的型钢骨架贴附于柱表面,用夹具夹紧。

②用环氧胶泥将型钢周围封闭,留出排气孔。以 0.2 ～ 0.4MPa 的压力将环氧树脂浆从灌浆嘴压入,当排气孔出现浆液后,停止加压,以环氧胶泥堵孔再以较低压力维持 10 分钟以上方可停止灌浆。

③外粘型钢的注胶应在型钢构架焊接完成后进行。外粘型钢的胶缝厚度宜控制在 3 ～ 5mm;局部允许有长度不大于 300mm、厚度不大于 8mm 的胶缝,但不得出现在角钢端部 600mm 范围内。

④外包钢法加固柱时,柱的纵向受力角钢在加固楼层范围内应通长设置,中间不得断开;对于梁柱齐边之节点区及壁柱情况,角钢可改换成等代扁钢。角钢上端应伸过加固层梁顶,并以连接板互焊。

⑤缀板应紧贴混凝土表面,并与角钢平焊连接。

⑥外包钢加固混凝土柱后,应在型钢表面喷射 25mm 厚的高强度等级的水泥砂浆作为保护层,应加钢丝网防裂。

五、加固改造质量控制措施

在校舍安全工程加固实施的过程中，节点等细部构造的质量控制是关键，它决定了施工质量与整体加固改造的成效。加固质量控制措施主要包括以下九个要点：

第一，招标应选择具有相应资质、同类建筑施工经验的专业施工单位，组建责任心强、施工经验丰富的施工队伍。

第二，配备具有丰富施工监理经验、责任心强的专职监理队伍，对施工实行全程监理。

第三，施工单位在正式施工前应对原有建筑结构、设计要求、施工难点、关键部位有全面的了解并制订详尽的施工方案，经设计交底后方可施工。

第四，设计人员应认真做好施工前的技术交底，重点是关键部位的节点要求与施工安全事项；在施工过程中应经常深入工地一线，发现问题及时处理，加强对隐蔽工程的验收。

第五，建设单位应配备相应人员全程参与，全力支持，为顺利施工提供基本保障。

第六，重点部位要求先做样板，由主管部门、建设方、设计方、施工方、监理方共同验收，验收合格后方可全面展开。

第七，加强施工过程的交流与学习，组织到施工规范、质量优良的工地参观学习。

第八，除常规工程资料外，还应建立施工前、施工中、施工后的完整的影像资料，要求质量具有可追溯性。

第九，认真做好工程竣工验收，并做好开学前的试运行，保证正常的教学。